U0042674

· 動物繪本圖鑑 2 ·

世界上最棒的
媽媽和爸爸

THE BEST MOMMIES AND DADDIES

萊納·奧利維耶Reina Ollivier & 卡雷爾·克拉斯Karel Claes 著

史蒂菲·帕德莫斯Steffie Padmos 繪

周書宇 譯　張東君 審定

媽媽和爸爸對小朋友來說，非常重要。
他們不僅照顧你，也教會你如何獨立自主。
每個動物的媽媽和爸爸，也會這麼做嗎？

有些不會，例如杜鵑。
杜鵑媽媽會把蛋產在其他鳥類的巢裡，
然後一生完，頭也不回就飛走了。

不過有些動物非常照顧自己的孩子，例如：
美洲紅鶴會分配媽媽和爸爸的育兒工作，
帝王企鵝爸爸會跟著一起孵蛋，
至於紅毛猩猩，所有的育兒工作都由媽媽負責。
除此之外，還有哪些優秀的媽媽和爸爸，
現在，讓我們一起來看看吧！

CONTENTS

EMPEROR PENGUIN
帝王企鵝（皇帝企鵝）

我們生活在地球的最南方，這裡是全球最冷的地方之一。但我們還是想辦法在冰天雪地裡孵蛋，並提供給寶寶們足夠的溫暖。

我是誰？

名稱：帝王企鵝

分類：鳥類

Size 大小

110至130公分；帝王企鵝公的和母的一樣大，但公企鵝會稍微重一點。

Legs 腿

2隻短短的腳，趾間有蹼。

最棒的媽媽 & 爸爸

企鵝爸爸會不吃不喝地孵蛋2個月；小企鵝孵化出來後，則換企鵝媽媽獨自照顧小企鵝1個月。之後，企鵝爸爸和企鵝媽媽會輪流去覓食。

鋒利的爪子可以抓牢冰面，避免滑倒。

Habitat 棲息地 位在南極（南極洲）的冰原。

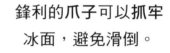

Food 食物

魚類、磷蝦、烏賊。

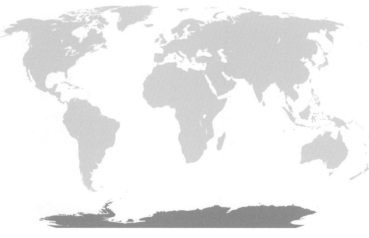

Speed 速度

在陸地上，我會搖搖擺擺地向前走，或是用趴著的方式滑下坡。在水裡，我是游泳高手。

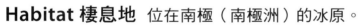

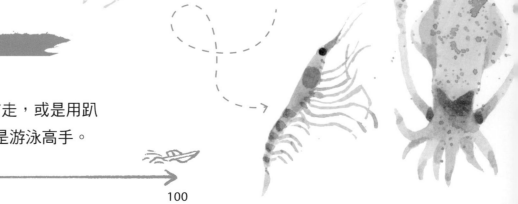

0 10公里／小時   100

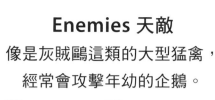

Enemies 天敵

像是灰賊鷗這類的大型猛禽，
經常會攻擊年幼的企鵝。

虎鯨　　　鯊魚　　　豹海豹

彎彎的喙，上面有
橘色的條紋。

頭部的側面有一道
金黃色的斑點，一
路延伸至頸部。

短短的翅膀
有助於我在陸地上行走時
保持平衡。

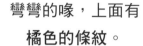

我有厚達4公分的**脂肪層**，以及
不透風的厚實**羽毛**，這樣我才能
力抗刺骨的寒風和冰冷的海水。

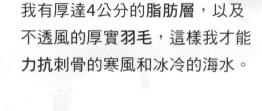

只有帝王企鵝在**冬天孵蛋**。南極洲的冬季時間是
從4月到11月，這段時間大都是沒有陽光的永夜
月分。

從1月到3月，無論白天或夜晚我都在海中**覓食**。
我可以潛入500公尺深的海裡，並停留在水中20分
鐘。我會用腳掌調整潛入海中游泳的深度、短尾巴
用來向左或向右轉，翅膀則當作槳使用。

從**4月開始**，我和其他企鵝會一起離開浮冰，**長
途跋涉**的走到島上的**繁殖地**繁衍後代；有時，這
段距離會超過100公里！在繁殖季節，我們會和
上千隻企鵝聚在一起。

所有企鵝會緊密地站在一起圍成一個圈。站
在外圈的企鵝會慢慢往舒服、溫暖的中心移
動。就這樣，大家會不斷地輪流在這個圈圈
中「裡外」移動，以獲得和享受溫暖。

到了5月底，媽媽會產下一顆470克的蛋，並交由爸爸孵化。不像其他鳥類是坐在蛋上孵化，爸爸會把蛋推到腳掌上，並用腹部底下的「抱卵斑」包覆它。下蛋對媽媽來說是一件極耗氣力的事，所以一產完蛋之後，她就會返回海中覓食以恢復體力。接下來的2個月，會由爸爸負責孵蛋的工作；孵蛋過程中爸爸不會進食，因而體重會減少將近20公斤。

蛋殼很硬，我必須啄整整2天才有辦法從蛋裡出來。爸爸會餵我企鵝乳和溫暖，並告訴我媽媽很快就會來了。沒錯，媽媽會在肚子裡裝滿食物來找我們，她會每天吐一點食物餵我，讓我可以輕鬆地吃進去。

與此同時，爸爸會出海覓食4星期。之後，爸爸媽媽就會輪流照顧我。到了10月中，我會和其他家族的寶寶依偎在一起，在那裡，我們可以相互取暖且安全地待著，而我們的父母則會為我們覓食。到了12月，等我的羽毛完全發育好了之後，就可以獨自生活了。

FOX 狐狸

我在很多故事中出現，因為我聰明又狡猾——當你必須為妻兒尋找食物時，我認為這個特質是必要的。不覺得我紅色的皮毛和毛茸茸的尾巴很帥氣嗎？

我是誰？

名稱：狐狸

分類：哺乳類

Size 大小
身長45至90公分，尾巴長32至56公分；公狐狸比母狐狸大一點。

有4顆尖銳的犬齒和堅固的下巴，可以用來咀嚼肉。

Legs 腿
4條修長的腳。

Food 食物
任何我找得到的東西，比如：小型哺乳類動物、鳥類、蛋、水果、剩餘的食物。

Habitat 棲息地
森林、荒蕪的草原、公園、城市中的荒野……幾乎遍布北半球的所有地方。狐狸並非澳洲的原生種，而是由人類引入的。

Speed 速度
我的平均速度是每小時10公里。不過在很短的距離內，我的最快時速可達50公里。

0　　　　　　　　　50公里／小時　　　　　　　　　100

| 老鷹 | 截尾貓 | 狼 | 熊 | 美洲獅 |

最棒的媽媽 & 爸爸

狐狸媽媽會和小狐狸一起待
在洞穴裡，由狐狸爸爸負責
外出覓食帶回洞穴。

身手矯捷，不僅是游泳高手，
還可以跳過2公尺高的圍欄。

會發出很多聲音：尖銳
刺耳的聲音、長嚎以及
像狗一樣的吠叫。

站著不動時，我粗
粗的、**毛茸茸的尾
巴**會碰到地面。

三角形的頭部有
著尖尖的口鼻、
長鬍鬚和尖耳朵。

我是**害羞**的動物，鮮少展現自我。白天我都在睡覺，到了**晚上**才會外出打
獵覓食。當我看到獵物時會先躡手躡腳地靠近，再用後腳使勁一跳壓倒獵
物。即便深度達5公尺，我仍可以聽見動物移動的聲音，所以我有辦法非常
快速地挖洞，抓捕獵物。我的**聽力和嗅覺**在地下都很好。

我和我的配偶會利用撒尿來標記領域，這種強烈的氣
味可以明確地告訴其他動物，我們住在這裡並且不歡
迎他們。

我的**適應能力**很強、什麼東西都吃，這就是為什麼你
甚至可以在**大城市**發現我的蹤跡。在城市時，我們吃
各種大小的鼠類，以及從人類的垃圾桶中翻揀食物。

春天來了，我的三個兄弟已經離家獨立生活了。我和姊姊比較
喜歡和爸爸媽媽待在一起。我們一起回到過去的舊洞穴，等待
新的弟弟妹妹誕生。多數時間我們都躲在灌木叢中睡覺，不過
當寶寶誕生之後，躲在洞穴中會比較安全。

爸爸媽媽會打掃舊洞穴，他們會用前腿刮除泥土，再用後腿
將這些泥土踢離洞穴幾英尺外。接著他們會把地面踩平，這
樣才有辦法把食物放在上面，我們也會把這個洞穴當作遊樂
場玩耍。

剛出生的寶寶既聽不見也看不到，不過他們有著柔軟的毛皮，尾巴的長度是身體的一半。出生後的頭幾週，媽媽會一直待在寶寶的身邊，以保持他們的溫暖並餵奶給他喝。爸爸會幫媽媽準備食物，好讓媽媽維持育兒的體力和健康。我也會幫忙照顧寶寶。

1個月之後，寶寶就會走出洞穴了。我們經常玩在一起，我們很喜歡玩遊戲，有時媽媽或爸爸會從花園或高爾夫球場帶小球回來給我們玩。我們家族總是充滿各種樂趣和遊戲！

ORANGUTAN 紅毛猩猩

我會在樹枝間盪來盪去，是所有以樹為家的動物中體型最大的。我會教導孩子關於森林裡的一切──需要學習的東西很多，而這就是我的孩子會和我一起生活8年的原因。沒有其他動物會花這麼長的時間照顧自己的孩子。

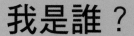

我是誰？

名稱：紅毛猩猩
分類：哺乳類

手臂的長度是
腿長的1.5倍。

Arms and legs 手臂和腿

2條長長的強壯手臂，以及2條短而彎曲的腳；手掌和腳掌上分別有4根細長柔韌的手指和腳趾，以及一根較短的拇指；沒有尾巴。

Size 大小

公紅毛猩猩的身高可達140公分；母紅毛猩猩的身高則可達120公分。

最棒的媽媽

紅毛猩猩媽媽會獨自照顧寶寶，直到孩子長到8歲。

Food 食物

水果、植物、昆蟲（螞蟻和白蟻）、鳥蛋。

Habitat 棲息地

蘇門答臘和婆羅洲群島的雨林地區。

Speed 速度

0   5公里／小時

100

Enemies天敵

老虎　　　雲豹　　　鱷魚　　　人類

人類不斷地砍伐樹木、建造田地和道路，以致我們的棲息地變得越來越小。除此之外，人類還會捕捉年輕的紅毛猩猩來當作寵物販賣。

紅毛猩猩的英文orangutan，是來自馬來語，意思分別是「人」和「森林」，所以紅毛猩猩是指「來自森林的人」。

我的手臂非常強壯，它們可以輕鬆地承載我的體重。我移動的速度很慢，因為我會花很多時間在採集食物。

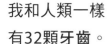

我和人類一樣有32顆牙齒。

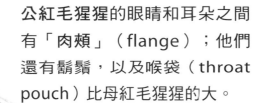

公紅毛猩猩的眼睛和耳朵之間有「肉頰」（flange）；他們還有鬍鬚，以及喉袋（throat pouch）比母紅毛猩猩的大。

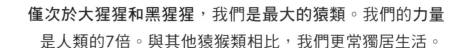

僅次於大猩猩和黑猩猩，我們是最大的猿類。我們的力量是人類的7倍。與其他猿猴類相比，我們更常獨居生活。

我明確地知道雨林中的各種水果在何地以及何時成熟，我也會使用工具採集食物。不覺得我這樣很聰明嗎？我懂得利用雙手和雙腳來把食物送進嘴裡，這樣，當我掛在樹上、想要享用甜美多汁的水果時，就可以派上用場了。另外，大口咬下食物前，我會先用嘴唇碰碰它。

我的媽媽會日夜陪伴著我。在出生後的頭兩年，我會時時刻刻抓緊媽媽紅棕色的毛，和她一起在樹林間盪來盪去、睡在同一個巢裡。之後，我會牽著媽媽的手走在樹林間，我的姊姊和其他紅毛猩猩媽媽也會幫助我。有時，媽媽就像一座橋，我可以藉由她的手臂和肩膀，順利地走到下一根樹枝。

媽媽會告訴我哪些植物可以吃，以及如何吃到「榴槤」的果肉。榴槤是一種生長於我所在的棲息地、外殼帶刺的水果，媽媽會教我如何不被刺傷到，又可以吃到裡面的果肉。你覺得榴槤很臭，但我很喜歡！

我會仔細觀察媽媽使用樹枝的方式。媽媽把樹枝當成取得果實的工具，拿來採摘樹上的果實，以及從蜂巢中挖蜜食用。此外，還會用樹枝攪動昆蟲的巢穴，這樣我就可以吃到螞蟻和白蟻。

媽媽還會教我如何在樹上築巢。我們會用樹枝編織堅固的底部，再把一些細樹枝和樹葉放在裡面，鋪成柔軟的床墊！

在湖邊時，媽媽總是會用手做成碗狀撈水喝；我會模仿媽媽，這樣我就能喝到新鮮乾淨的水。直到8歲之前，媽媽都還會餵奶給我喝。她是我的超級媽媽！

CLOWN FISH 小丑魚

我們以海葵為家,非常喜歡與海葵住在一起,也會在
這個地方產卵,因為在這裡我們可以好好的保護卵,
而這也是我們會被稱為「海葵魚」的原因。猜猜看,
為什麼人們稱我們為「小丑魚」呢?

我是誰？

名稱：小丑魚

分類：魚類

Size 大小

8至11公分；母的小丑魚明顯比公的小丑魚大。

Fins 魚鰭

2片背鰭、2片胸鰭、2片腹鰭、1片臀鰭和1片尾鰭。

最棒的媽媽 & 爸爸

媽媽產下魚卵之後，由爸爸負責護卵的工作，他們還會一起不斷地擺動魚鰭，以提供魚卵氧氣。

我們身上的三道白色條紋，令人聯想到小丑的模樣。

Food 食物

藻類、浮游生物、植物、小型海洋動物（軟體動物和甲殼動物）。

Habitat 棲息地

位在亞洲東部有熱帶珊瑚礁的溫暖海域。

Speed 速度

0　6公里／小時　　　　　　　　　　　　　　100

Enemies 天敵

大型魚類　　鯊魚

所有的小丑魚**出生時都是雄性**,當魚群中沒有雌性的小丑魚時,體型最大的小丑魚就會轉變成**雌性**。

海葵身上的觸手有毒會殺死我們,因此,當我挑選到一隻美麗的海葵時,會先圍著它跳舞。我會先用我的魚鰭碰碰它,接著再讓身體的其他部位靠近它,這樣,我的魚鱗上就會形成**一層黏液**,**保護我免於中毒**。

我和海葵互相幫助。我會吃掉海葵周圍的食物殘渣,以協助海葵保持清潔;當我在海葵周圍游泳時,可以幫助海葵獲得氧氣並提供食物;另外,我也會幫忙趕走想要吃海葵的魚,作為交換條件。我能夠以海葵為家,海葵也能用它的毒性殺死那些想要攻擊我的魚。

我是女生,我和一條大的雄性小丑魚以及幾條比較年輕的雄性小丑魚住在一起。在小丑魚群中,「**體型**」決定了我們的**重要性**,而雌性小丑魚永遠都會是魚群中最大的。

我會待在海葵附近以策安全,因為我不是游泳高手。

媽媽和爸爸會在海葵附近尋找產卵的地方。到了滿月時，媽媽會到他們選好的地點數次，並在那裡產下400到1,500顆卵，爸爸則會跟著媽媽好讓卵受精。

接下來的日子，爸爸會好好盯著這些受精卵。他會挑出其中壞掉的卵吃掉，因為這些壞掉的卵會影響其他的卵。爸爸每天都會檢查這些卵的狀況，也會用鰭拍一拍這些卵。媽媽會協助爸爸做這件事，因為這樣才會有大量空氣進入水中，有助於卵的成長。

1週之後，我們會以透明的仔魚形式，從卵中跑出來。我們會游向月光，讓自己在水面上漂浮。我們不再需要爸爸和媽媽了，可以自己吃浮游生物維生。再過1週，我們的身體就會有了顏色，並且挑選屬於自己的海葵生活。

AMERICAN FLAMINGO
美洲紅鶴

我們是群居動物，生活在一個很大的紅鶴群中。我們會一起覓食、一起飛行、一起繁殖後代，不過，每對紅鶴都會用泥土築起自己的巢。當有蛋產下之後，我們就會圍繞著巢仔細照顧它。

全身羽毛為偏粉色的紅色至橘色，背部的羽毛顏色較淺。

淡黃色的小小眼睛。

又長又柔軟的脖子。

翼展長達1.5公尺的長長翅膀。

又寬又彎的粉色喙部，尖端是黑色的。

Legs 腿
2隻又長又細的腳，腳趾間有蹼。

Size 大小
120至140公分；公紅鶴比母紅鶴略大一點。

Habitat 棲息地
加勒比海地區的海岸邊淺水區、潮間帶濕地和鹽湖。

Food 食物
蠕蟲、昆蟲、小型貝類、小型甲殼類（蝦子和小龍蝦）、植物、藻類。

Speed 速度
我們會緩步涉水而行。起飛時，我們會先助跑幾步，接著再張開翅膀，翱翔於空中；著陸時也會小跑幾步。

0　　　　　　　　　60公里／小時　　　　　　　　　100

Enemies 天敵

美洲豹

猛禽

浣熊

猛禽和浣熊會偷走紅鶴的蛋
並攻擊年幼的紅鶴。

最棒的媽媽 & 爸爸
媽媽和爸爸會輪流在巢裡孵蛋；
他們都會餵紅鶴乳給寶寶喝。

我們和上千隻紅鶴共同生活，組成
龐大的紅鶴群。我們會保護彼此，
因為當我們把頭潛入水中覓食時，
很容易成為獵捕的目標。

我會利用把喙部倒過來的方式在軟泥裡
翻找食物，同時這樣也可以把食物舀起
來。另外，我的喙部也具有篩網的作用
——把水排出但食物可以留在口中。

當沒有食物的時候，我們會在晚上與鳥
群一起飛往另一個地方。飛行過程中，
我長長的**脖子**和長長的**雙腳會保持伸
直**，而我張開翅膀時，你可以看見翅膀
底下的**黑色羽毛**，反之沒有飛行的時
候，你是看不見這些黑色羽毛的。

休息的時候我用單腳站立。我會把另
一隻腳彎起來藏在身體下方，以保持
腳趾溫暖，我還會把身體轉正至迎風
面，讓風順向吹拂我的**羽毛**，使其保
持整齊，以防止體溫流失。

我透過食用藻類和小龍蝦，來獲得粉橘色的羽毛，因為這些食
物中含有「胡蘿蔔素」——你可以在胡蘿蔔中找到這種成分。

媽媽和爸爸會在溼地的泥中堆起小土堆，再把土堆挖空，以便將產下來的蛋放在裡面。高土堆可以保護蛋免受潮水和高溫的傷害。

媽媽和爸爸會輪流保護巢，當其中一方休息時，會不時伸展雙腳、張開翅膀、清理羽毛以放鬆片刻。有時，他們也會用喙部小心地轉動鳥蛋。

1個月之後，他們會聽見蛋殼裡發出叩叩聲
——那是我！爸媽會緊盯著我，看我如何盡
力地破殼而出，而這個過程，可能需要24至
36小時。當我破殼而出之後，爸媽會照顧我
並用他們的喙部撫順我灰白色的絨毛。

媽媽和爸爸都會餵奶給我喝，這種
「嗉囊乳」（crop milk）是非常營
養的超級食物，能讓我在1週之後就
足夠強壯到可以走出巢。媽媽和爸
爸總是伴我左右，以確保我不會發
生任何危險。他們會一直餵我，直
到我長出豐厚的羽毛為止——這時
我已經11週大，並且我原本筆直的
喙部也漸漸彎曲了。

RED KANGAROO
紅袋鼠

我跳得比其他動物還要快。跳躍時，我所消耗的能量比跑步的時候少。在澳洲這樣炎熱的環境之下，節省體力是很重要的事情，尤其，當你必須獨自照顧孩子的時候！

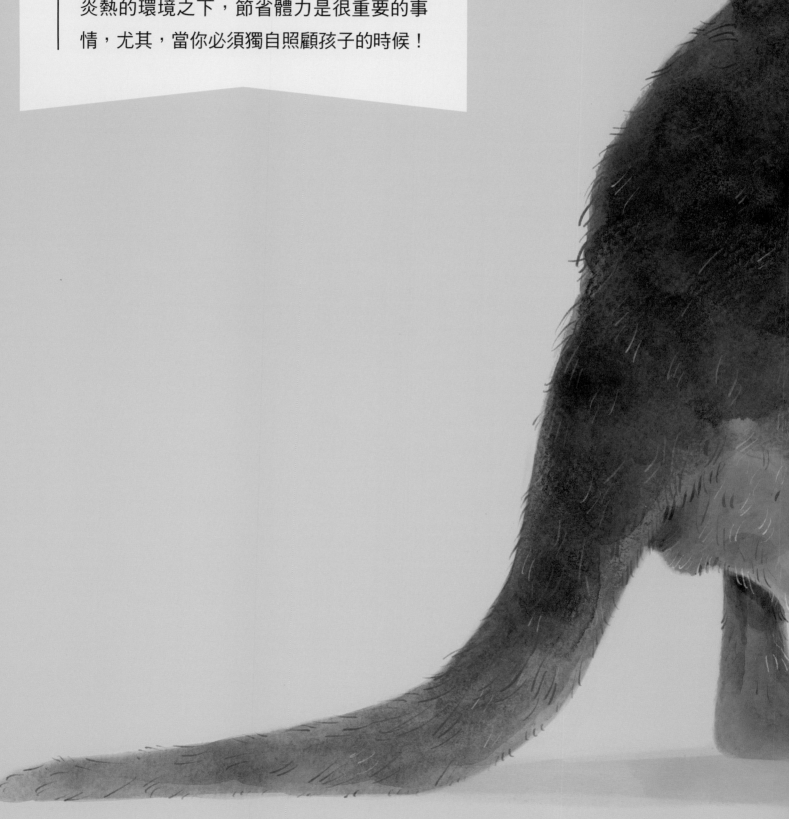

我是誰?

名稱:紅袋鼠

分類:哺乳類

最棒的媽媽 & 爸爸

媽媽懷孕的時候,她的育兒袋裡還會裝著一隻袋鼠寶寶,並同時照顧一隻稍微大一點的小袋鼠。

Size 大小

公袋鼠可高達200公分,尾巴則有120公分長;母袋鼠則可達105公分高,尾巴為85公分長。

長長的尖耳朵。

Legs 腿

2條小小的前腳和2條強而有力的後腳。

Habitat 棲息地

位在澳洲內陸的乾燥地區,環境多為稀疏林木的開闊草原。

只有母袋鼠有育兒袋。

Food 食物

植物(以草為主)。

Speed 速度

一般來說是每小時20公里,但如果用跳的時速可達70公里。

0　　　　　　　　　70公里／小時　　　　100

Enemies 天敵

 澳洲野犬　 老鷹

在澳洲，有**超過50種**不同種的袋鼠，而我們是體型最大的。我們是**小群體**生活，即便**沒水**也可以存活數月。我們的天敵很少、食物充足。農民為了畜牧而砍伐森林和開闢牧場，反而提供了我們更多覓食的空間！

我是貨真價實的**健美男子**，我的身體有一半是由肌肉組成，而最強壯的部位是後腿和尾巴。我可以跳遠8公尺、跳高3公尺。遭遇**威脅**時，我會用**後腳**使勁踩地，由於我短短的**前腳**相當強壯，所以我可以用前腳打架——像人類一樣拳擊。有時，我會以尾巴支撐身體一會兒，再用2條後腳**狠狠地踢**對方。

我強壯無比的尾巴就像是第3隻後腳，可確保跳躍時保持**平衡**。

由於澳洲相當**炎熱**，在白天我們都待在陰涼處休息。直到太陽下山之後，我們才會出來走動。有時，我會用**唾液**把前腿弄溼，因為這樣可以讓我**降溫**！

我的媽媽幾乎總是處在懷孕狀態。有時，她肚子裡的新生寶寶必須停止生長，直到育兒袋有足夠的空間為止。

待在媽媽的肚子裡33天之後，我會穿過媽媽厚厚的皮毛、把自己推往育兒袋中。剛出生的我看不見、沒有毛，大小僅有2公分；後腿也只有一點點，尚未生長完全。不過我可以聞到母乳的味道、吸吮乳頭。

媽媽有4個乳頭，裡面有2種不同的奶水。之所以會有不同的奶水，是因為我的哥哥不時也會把頭伸進媽媽的育兒袋喝奶——他會一直這樣喝奶直到1歲。

媽媽的育兒袋是個非常安全的地方。我會待在育兒袋裡3個月，只有偶爾會探出頭來。我也在育兒袋裡面上廁所；如果裡頭太髒，媽媽會把她的頭伸進來，幫我舔掉裡面的髒污、尿液和糞便。

媽媽會發出「喀喀」的聲音和我說話；她會保護我和我的兄弟不被其他人攻擊；她會像一隻憤怒的狗一樣吠叫，也會用後腿用力踹開澳洲野犬的攻擊——我的媽媽什麼都會！

ZEBRA FINCH
錦花雀

我們總是待在一起。我們生活的地方相
當乾燥，得等到下大雨時才會產卵，因
為這是養育孩子的最佳時機。

我是誰？

名稱：錦花雀

分類：鳥類

公錦花雀的臉頰上有**橘色斑點**，
身體兩側則有許多圓點花紋；
母錦花雀身上的顏色比較少。

只有雄性會鳴唱，
雌性不會。

雄鳥的脖子上有黑
白相間的紋路，就
像斑馬一樣。

Size 大小
10至11公分。

Legs 腿
2隻橙色的腳。

Habitat 棲息地
位在澳洲和印尼的乾燥草原地區，
環境中到處都有灌木和樹木。

Food 食物
以各種草類的種子為主，還有
一些昆蟲（螞蟻或白蟻）。

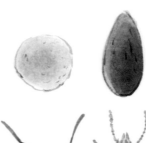
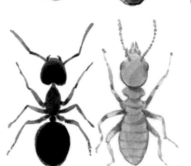

  Speed速度

0   30公里／小時   100

Enemies天敵

巨蜥

大鼠

蛇

各類猛禽

烏鴉

食肉的有袋類動物

年幼的錦花雀是黑色的喙部；母的錦花雀是橙色的喙部；年長的公錦花雀則是紅色的喙部。

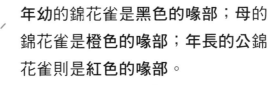

最棒的媽媽 & 爸爸

媽媽和爸爸會一起顧小孩和顧巢。爸爸是兒子們的「聲音教練」，會耐心教導他們如何鳴唱。

每隻公錦花雀都有其獨有的鳴唱聲，並且會鳴唱給自己的孩子聽。剛開始**兒子們會模仿鳥爸爸的聲音**，接下來，則會自行增加**新的音調**，一旦錦花雀覺得這個「旋律」鳴叫起來十分開心後，他終其一生就會**持續以這個旋律鳴唱**。母錦花雀不會鳴唱，不過她們會**分辨每隻公錦花雀不同的鳴唱聲**。

我可以**長時間不喝水**，而一旦我發現水之後，我喜歡洗個澡。

我們的**天敵很多**，所以我們認為**一大群鳥群**生活在一起會更**安全**。大約有50個錦花雀家庭會在鄰近地區築巢，我們還會**一起啄食**地面上的食物。

我們的外觀色彩繽紛且繁殖快速，並且能夠發出美妙的鳴唱聲，這也是為什麼人們早在150年前就把我們養在鳥籠中。

媽媽和爸爸會在荊棘叢或樹上築巢。媽媽負責選地方，爸爸則會帶回大部分的築巢材料。爸爸用草莖搭建鳥巢的底部，媽媽則用她的羽毛和絨毛讓鳥巢變得柔軟舒適，接著，她會在鳥巢中產下5顆蛋。

媽媽和爸爸會輪流孵蛋。到了晚上，他們會一起悠閒愜意地窩在巢裡。任何膽敢靠近鳥巢的外來者，都會被爸爸趕走。

2週之後，蛋就孵化完成了。爸爸和媽媽會輪流和我們待在一起，另外一人負責外出覓食。爸爸媽媽只吃草的種籽，但會為我們帶回昆蟲，因為這些食物可以讓我們更快長大長壯。

3週之後，我們就有辦法飛離鳥巢了。不過我們經常在晚上的時候飛回鳥巢，因為和爸爸媽媽待在一起真的是非常愜意舒適，而爸媽也總是很歡迎我們回家。當我們35天大、爸媽也已經教會我們許多東西之後，我們就可以獨立生活了。

WOLF 狼

在各種書中，我們經常被形塑成危險的動物，像是《小紅帽和大野狼》就是最知名的例子，但實際上我們很害怕人類，並遠離人群。我們非常關心我們的家人，以及同一狼群中的其他成員。

我是誰？

名稱：狼

分類：哺乳類

寬廣的頭部，上面有兩隻
間距很大的小耳朵。

厚厚的皮毛在寒冷的冬天
可以提供良好的保暖作用。

Size 大小
公狼可達100至150公分高，
尾巴則有30至50公分長；
母狼比公狼稍微小一點。

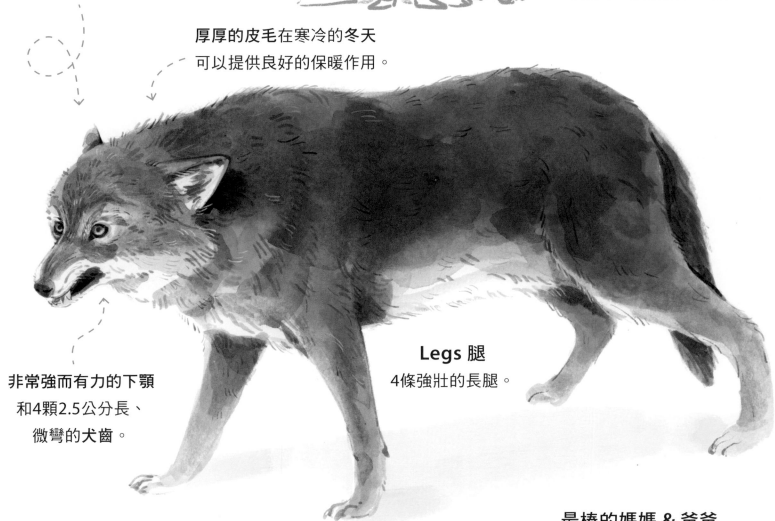

Legs 腿
4條強壯的長腿。

非常強而有力的下顎
和4顆2.5公分長、
微彎的犬齒。

最棒的媽媽 & 爸爸
媽媽會和孩子一起待在
巢中3週，在此同時，
爸爸負責覓食。

Habitat 棲息地
北半球的森林、草原、山區和乾燥地區。

Food 食物
鹿、野豬、熊、駝鹿、野牛、
山羊、河狸、野兔、鳥類、
小型的齧齒動物。

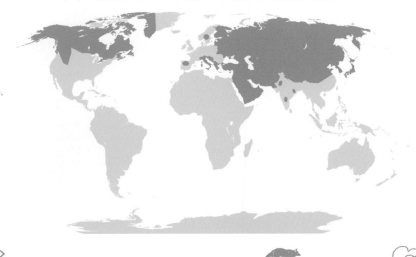

Speed 速度
我每小時跑8至10公里，但我可
以全力衝刺至時速65公里。

0　　　　　　　　65公里／小時　　　　　　　　100

我是**犬類的祖先**，且就像他們一樣，可以聽見人類聽不到的**高頻聲音**。另外，即使在一片漆黑的情況下，我也**能敏銳地聞到**和**看到**任何東西。

我們會透過**嚎叫**或**某些姿勢**來傳遞訊息，例如：當我生氣的時候，我的毛會豎起來、露出牙齒和大聲咆哮；當我害怕的時候，我會把尾巴夾在2條後腿間，低頭發出輕聲哀號。你可以在10公里之外聽見我的**狼嚎**。

Enemies天敵

熊　　美洲獅　　老虎　　狼　　人類

狼是會一起**集體獵捕**大型獵物的**肉食動物**，我們的主要獵捕對象是**年幼、年老或受傷的動物**——這些動物的移動速度不快，所以我們可以更快抓到他們。

一個狼家族被稱為「**狼群**」（pack），由**一頭公狼與一頭母狼**共同負責照顧，此外，還有包括當年出生的寶寶和其他較年長的小狼。有時其他狼也可以加入，但他們必須聽從**兩位狼群首領**的話。狼群會**保衛自己的領地**，有時也會攻擊其他狼群。

我很開心我是狼群的一員，因為我們是關係非常緊密的家庭。媽媽和爸爸會一輩子在一起；很快地，我們居住的狼穴中又有寶寶誕生了。另外，爸爸和媽媽會直接占用狐狸的洞穴，因為這樣比自己挖一個洞穴來得快速。

每年4月，媽媽會生下4至6隻寶寶，而每隻寶寶大約0.5公斤重。剛出生的時候他們聽不見、看不到，但是嗅覺和觸覺都十分良好。媽媽會餵奶給寶寶喝，並讓寶寶貼近她。爸爸負責出外打獵覓食，再把食物帶回來。剛開始，寶寶只會喝奶；1個月之後，會開始舔食媽媽嘴裡消化到一半的食物。我和其他成員會幫忙把爸爸獵捕到的食物帶回巢中，這樣媽媽就可以一直陪在寶寶身邊。

當寶寶長大至2個月之後，就會和我們一起外出玩耍了。屆時，爸爸會教導寶寶如何在狼群中與其他成員互動。有時爸爸的管教相當嚴厲，不過，我們還是非常喜歡和爸媽玩在一起。

YELLOW SEAHORSE
庫達海馬

我們很高興能找到彼此！因為我們不喜歡旅行，總
是住在同一個地方。不過即便如此，我們還是可以
產下許多小海馬——不覺得這聽起來很像童話嗎？

我是誰？

名稱：庫達海馬
分類：魚類

眼睛可以
各自獨立轉動。

長長的口鼻
可用來吸取
食物。

Size 大小
7至17公分。

Fins 魚鰭
1個背鰭和2個位
在眼睛正後方的
胸鰭。

公海馬有一個育兒袋
（brood pouch）。

Habitat 棲息地
位在亞洲熱帶沿岸的淺水海域。

Food 食物
浮游生物、小型甲殼類、
剛出生的仔魚。

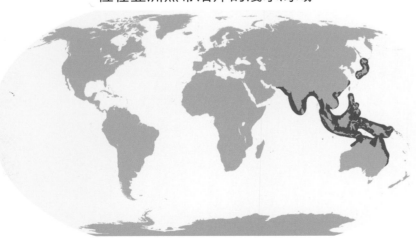

Speed 速度
我的速度非常慢，僅只有時速2公尺。

0 2公尺／小時

雖然我屬於**魚類**,但我沒有**鱗片**。
我用**背鰭**推動自己前進、**胸鰭**控制
方向;我沒有**尾鰭**。

直立游泳。

我擺動**尾巴**,讓它像錨一樣
纏繞在海藻上,這樣我就不
會在海中漂流,能平靜地待
在自己的小天地中。

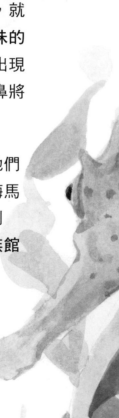

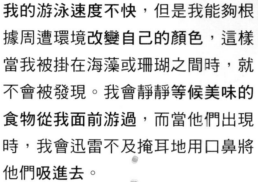

我的游泳速度不快,但是我能夠根
據周遭環境改變自己的顏色,這樣
當我被掛在海藻或珊瑚之間時,就
不會被發現。我會靜靜等候美味的
食物從我面前游過,而當他們出現
時,我會迅雷不及掩耳地用口鼻將
他們吸進去。

人類能輕而易舉地抓到我們,他們
是非常**危險**的天敵。在亞洲,海馬
被當成**中藥材**;在其他地區,則
會把我們用在藝術品或放在**水族館**
裡,因為我們的外觀十分特別。

最棒的爸爸
就和所有海馬一樣,庫達
海馬也是爸爸懷孕、帶著
受精卵在育兒袋中。

我的爸媽非常恩愛！一大早爸爸就會圍著媽媽跳舞。他們會追著彼此的尾巴轉圈圈並開始擁抱；有時還會改變顏色、尾巴勾著尾巴游過海底，或者抓住海草隨著大海的波動一起搖擺。這樣的畫面，是不是很美呢？

某天，媽媽會讓爸爸知道她感覺到肚子裡有卵了。接著，他們會口鼻對著口鼻，向上漂浮。爸爸會把育兒袋中的水噴出來以表示裡頭是空的；媽媽則會把她的產卵管放進爸爸的育兒袋中，就這樣把數百顆卵產在爸爸的肚子裡——媽媽的肚子變瘦了，而爸爸的肚子變大了！

接下來，媽媽就會游走。卵會在爸爸的育兒袋中持續生長，而懷孕的時間大約是1個月。媽媽每天都會來找爸爸，看看他過得如何。育兒袋的卵會漂浮在有食物的液體中，以協助它持續生長。

一個月之後，爸爸就會生產。這不是一件容易的事，因為他必須從育兒袋中擠出100至200隻小海馬。雖然剛出生的我們很小（不到0.7公分），但身體各部位都已發育完成。我們會先擺動尾巴圍繞彼此，再慢慢地自小海馬群中游開，從此就可以自由自在地獨立生活了！

做得好！
世界上最棒的
媽媽和爸爸！

作者簡介

萊納·奧利維耶 Reina Ollivier

1956 年出生於比利時,現為全職作家和翻譯家,精通十種語言。小時候是渴望知識的小孩,長大後喜歡以引人入勝且充滿趣味的方式創作。她的作品不僅擁有無數的讚譽,更多次榮獲獎項肯定。

卡雷爾·克拉斯 Karel Claes

主修文學、哲學和傳播。曾擔任無國界醫生組織的主管,為比利時國家電視台製作過兒童及青少年節目。擔任過兒童雜誌《Zonneland》和《Zonnestraal》的主編,多年來還發表過一系列關於重要生活議題的文章。熱愛旅行、帆船、網球、越野滑雪、游泳和閱讀。

繪者

史蒂菲·帕德莫斯 Steffie Padmos

在荷蘭的馬斯垂克(Maastricht)和英國的巴斯(Bath)藝術學院學習插畫,並獲得了「科學插畫」碩士學位。她的作品以精湛的工藝、對細節的關注和對自然的興趣而著稱。由於她的科學插畫師背景,所以在描繪複雜的生物和醫學主題方面具有豐富的經驗,但她的視野更加廣泛。她還為博物館和兒童書籍出版商進行插畫工作。她根據具體的任務,使用不同風格和技術作畫,包括模擬和數字,以此展現她的多才多藝。

審定者

張東君

臺灣大學動物系、動物所畢業,京都大學理學研究科動物所博士班結業。現任臺北動物保育教育基金會研究員,身兼科普作家、推理評論人。 第四十屆金鼎獎兒童及少年圖書類得主,第五屆吳大猷科學普及著作獎少年組特別獎翻譯類得主。著作有《動物勉強學堂》、《象什麼》、《屎來糞多學院》、《動物數隻數隻》、《爸爸是海洋魚類生態學家》、《大象林旺是怎麼到動物園?》等,譯作有「屁屁偵探」系列、「法布爾爺爺教我的事」系列、「蟲蟲週刊特別報導」系列等近290本,目標為「著作等歲數,譯作等公車」。

譯者

周書宇

政治大學中文系、廣告系雙修畢業,臺北藝術大學美術系西洋美術史組碩士。曾任出版社主編多年,現為自由接案,徜徉在各種與文字、平面、影像有關的工作中。

動物繪本圖鑑 2

世界上最棒的媽媽和爸爸

作　　者｜萊納·奧利維耶Reina Ollivier
作　　者｜卡雷爾·克拉斯Karel Claes
插　　畫｜史蒂菲·帕德莫斯Steffie Padmos
譯　　者｜周書宇
審　　定｜張東君
設　　計｜葉若蒂
校　　對｜呂佳真
責任編輯｜黃文慧

出　　版｜晴好出版事業有限公司
總 編 輯｜黃文慧
副總編輯｜鍾宜君
編　　輯｜胡雯琳
行銷企畫｜吳孟蓉
地　　址｜104027台北市中山區中山北路三段36巷10號4樓
網　　址｜https://www.facebook.com/QinghaoBook
電子信箱｜Qinghaobook@gmail.com
電　　話｜02-2516-6892｜傳真 02-2516-6891
發　　行｜遠足文化事業股份有限公司 (讀書共和國出版集團)
地　　址｜231023新北市新店區民權路108-2號9樓
電　　話｜02-2218-1417
傳　　真｜02-2218-1142
電子信箱｜service@bookrep.com.tw
郵政帳號｜19504465｜戶名 遠足文化事業股份有限公司
客服電話｜0800-221-029
團體訂購｜02-2218-1717分機1124
網　　址｜www.bookrep.com.tw
法律顧問｜華洋法律事務所 蘇文生律師
印　　製｜凱林印刷
初版一刷｜2024年05月
定　　價｜580元
I S B N｜978-626-7396-70-4
版權所有,翻印必究

Superbeesjes. De beste mama's en papa's by Karel Claes, Reina Ollivier & Steffie Padmos
First published in Belgium and the Netherlands in 2020 by Clavis Uitgeverij, Hasselt-Amsterdam-New York Text and illustrations copyright © 2020 Clavis Uitgeverij, Hasselt-Amsterdam-New York All rights reserved.

世界上最棒的媽媽和爸爸 / 萊納.奧利維耶(Reina Ollivier), 卡雷爾.克拉斯(Karel Claes)著 ; 史蒂菲.帕德莫斯(Steffie Padmos)繪 ; 周書宇譯. -- 初版. -- 臺北市 : 晴好出版事業有限公司出版 ; 新北市 : 遠足文化事業股份有限公司發行, 2024.05 64面 ; 24X33公分. -- (動物繪本圖鑑 ; 2)
譯自 : The best mommies and daddies.
ISBN 978-626-7396-70-4(精裝)
1.CST: 動物生態學 2.CST: 動物行為 3.CST: 繪本
383.7   113005309